DIE STEPPENNATTER

ELAPHE DIONE

Bruno Treu

Steppennatter aus Beijing, China Foto: K.-D. Schulz

Inhalt

Vorwort 4
Systematik und Beschreibung der Art 4
Verbreitung 12
Gesetzliche Bestimmungen 14
Woher bekomme ich meine Steppennattern? 16
Transport und Quarantäne 18
Das Terrarium 20
Terrarientechnik 26
Einrichtung 28
Ernährung 34
Gesundheit 38
Vergesellschaftung 40
Fortpflanzung 44
Inkubation der Eier 48
Aufzucht der Jungschlangen 54
Vom Umgang mit Steppennattern 58
Danksagung 60
Weitere Informationen 60
Verwendete und weiterführende Literatur 62

Bildnachweis:
Titelbild: Steppennatter aus Beijing, China Foto: K.-D. Schulz
Kleines Bild: Ein stark rot gefärbtes Exemplar aus dem Tula-Exotarium Foto: S. Ryabov
Seite 1: Adulte Steppennatter Foto: B. Love/Blue Chameleon Ventures

ISBN: 978-3-86659-195-0

An der Kleimannbrücke 39/41
48157 Münster
www.ms-verlag.de

Geschäftsführung: Matthias Schmidt
Lektorat: Alexander Gutsche & Mike Zawadzki
Layout: Mirko Barts, GeitjeBooks Berlin
Druck: Alföldi, Debrecen

Vorwort

BEI der Steppen- oder Dionenatter (*Elaphe dione*) handelt es sich meiner Meinung nach um eine weitgehend unterschätzte Schlange, die aufgrund ihrer geringen Größe, ihres interessanten Verhaltens sowie der leicht zu erfüllenden Haltungsansprüche eigentlich viel mehr in unseren Terrarien vertreten sein sollte. Ich will an dieser Stelle nicht über den Grundgedanken der Terraristik im Allgemeinen und der Schlangenhaltung im Besonderen philosophieren. Tatsache ist jedoch, dass ich neben der Amurnatter (*Elaphe schrenckii*) keine Natternart kenne, die derart umgänglich, um nicht allzu vermenschlicht „freundlich" zu sagen, ist, wie die Steppennatter. Da mir weiterhin in mehr als 30 Jahren vielleicht drei Exemplare unterkamen, die die 100-cm-Marke deutlich überschritten haben, ist diese Art von ihrer Größe und dem daraus resultierend geringen Platzbedarf her einfach unterzubringen. In einer Zeit, in der alle staatlichen Stellen reglementieren, kontrollieren und die Haltung von „gefährlichen" Tieren allenthalben verbieten, kommt weiterhin dazu, dass *Elaphe dione* mit an Sicherheit grenzender Wahrscheinlichkeit niemals in diese Kategorie eingestuft werden wird. Sicher, viele Vertreter der Kletternattern sind bunter, größer und auf den ersten Blick attraktiver. Wer sich aber die Mühe macht, genauer hinzuschauen, wird feststellen, dass auch Schlangen wie die Dionenatter durchaus farblich ansprechend gezeichnet sind.

Systematik und Beschreibung

DIE Steppennatter – ich werde diesen Namen im Wechsel mit Dionenatter benutzen, da beide Bezeichnungen in den verschiedenen Teilen des deutschsprachigen Raumes Verwendung finden – gehört zu den Kletternattern (Gattung *Elaphe*) und hat ihren wissenschaftlichen Namen bei allen Revisionen der Gattung behalten. Es sei auch dem Anfänger dringend angeraten, neben dem deutschen Namen den aktuellen wissenschaftlichen Namen seiner Schlangen zu kennen, da z. B. bei der internationalen Kontaktsuche oder dem Recherchieren nach weiterfüh-

Meine persönliche Beziehung zu *Elaphe dione* resultiert einfach daher, dass sie die erste Schlangenart war, die ich vor fast 33 Jahren erwarb, als erste Art vermehrte und mit Pausen auch immer wieder in meinen Terrarien beherbergte. Hinzu kommt, dass ich sie in den verschiedensten Biotopen in einem halben Dutzend der ehemaligen Sowjetrepubliken beobachten und fangen konnte, eine Praxis, die der heutige Artenschutz natürlich nicht mehr zulässt. Jedenfalls gehörten diese Tiere immer irgendwie zu meinem Leben als Terrarianer, und ich würde mich freuen, wenn meine Erfahrungen und die daraus resultierenden Hinweise dem einen oder anderen Leser Vorteile bei der Haltung dieser wunderschönen, kleinen und nicht wirklich teuren Schlange bringen würden, egal, ob es sich um einen Einsteiger in die Terraristik oder einen erfahreneren Halter handelt. Ein weiterer Pluspunkt, der für die Steppennatter spricht, ist ihre im Regelfall robuste gesundheitliche Verfassung und ihr simples Fressverhalten. Denn nur wer wirklich gesunde Tiere erwerben kann, die fressen und sich im Terrarium wohlfühlen, wird unserem schönen Hobby auf Dauer gewogen bleiben. Deshalb breche ich bewusst eine Lanze für ein unkompliziertes und nicht allein durch komplexe technische Haltungsvorrichtungen am Leben zu haltendes Tier.

Bruno Treu
Berlin, 2012

render Literatur nur dieser wirklich Geltung hat. Ich weiß, dass es auf viele Anfänger befremdlich wirkt, wenn Fachleute sozusagen in einer fremden Sprache über eine Schlange parlieren, die ja wohl einen deutschen Namen hat, und ich verstehe auch, dass viele Neulinge sich dadurch aus-

WUSSTEN SIE SCHON?

Gemäß der wissenschaftlichen Taxonomie setzt sich bei der Dionenatter die Bezeichnung aus der Gattung *Elaphe* und dem Artepitheton *dione* zusammen. Die Dionenatter ist monotypisch, was bedeutet, dass keine Unterarten existieren. Eine Auffassung, die ich, wie weiter unten noch an Beispielen erklärt wird, nicht uneingeschränkt teile.

Elaphe dione **aus China** Foto: K.-D. Schulz

gegrenzt fühlen. Aber nicht nur, dass jedes Hobby eigene Begriffe und Sprachregelungen hat, ich denke beispielsweise an Briefmarkensammler (Philatelisten) oder Angler; wenn man versucht, Steppennatter in eine andere Sprache zu übersetzen, und sei es ins Englische, wird man sich wundern, wie viele Arten unter einem Trivialnamen zusammengefasst sein können.

Elaphe dione wurde im Jahr 1773 durch den deutschen Zoologen Peter Simon PALLAS, einem der vielseitigsten Naturforscher seiner Zeit, beschrieben und nach der griechischen Göttin der Familie und des Herdfeuers benannt. Ob im Heiligtum der Dione, die die Vorgängerin von Zeus' Gattin

WUSSTEN SIE SCHON?

Sexualdimorphismus (unterschiedliche Größe bzw. Gestalt der Geschlechter) kommt bei der Gattung *Elaphe* durchaus vor und ist auch häufiger als Sexualdichromatismus (unterschiedliche Färbung und Zeichnung der Geschlechter) anzutreffen. Ab einer bestimmten Körperlänge - nach meinen Erfahrungen ab 85 cm - ist eine geschlechtlich nicht bestimmte Steppennatter mit an Sicherheit grenzender Wahrscheinlichkeit ein weibliches Tier. Auch die im Text angeführte Rekordschlange war eine wahre „Patriarchin" und beim Vermessen und Wiegen mindestens 18 Jahre alt.

Diese Amurnatter verschlingt gerade eine Maus. Sie lebt sympatrisch (im selben Lebensraum) mit der Dionenatter. Beide Arten fing ich vor 30 Jahren zusammen auf derselben Müllkippe bei Chabarowsk, Russland. Foto: B. Treu

Hera war, auf dem Tempelberg in Athen Schlangen zu kultischen Zwecken gehalten wurden, ist umstritten. Dies wäre aber bei dieser kleinen und nicht aggressiven Art weit denkbarer als bei der Äskulapnatter, die vom Stab des antiken Gottes der Heilkunde bekannt wurde, obwohl es sich bei dem dargestellten Tier nach neueren wissenschaftlichen Erkenntnissen um einen Bandwurm handelt.

Die Steppennatter ist eine kleine Kletternatter, deren Terra typica (= das Fundgebiet des zuerst wissenschaftlich beschriebenen Vertreters dieser Art) Kasachstan ist. Ich werde hier an dieser Stelle weder in „Schuppenzählerei“ verfallen, noch alle bekannten Varietäten (Varianten in Färbung und Aussehen) aufzählen, dies ist Aufgabe weiterführender Literatur wie z. B. SCHULZ (1996).

Elaphe dione ist eine kleine, höchstens mittelgroße Kletternat-

DER PRAXISTIPP

Es ist ausgesprochen schwierig, selbst bei einer so friedlichen Natter wie der Steppennatter eine genaue Messung der Körperlänge durchzuführen. Misst man hingegen die abgestreifte Haut, das sogenannte Natternhemd, und zieht 10 % „Dehnungsfuge“ ab – da die Haut im feuchten Zustand abgestreift wird –, erhält man ein recht genaues Ergebnis: Eine Dionenatter mit einer Haut (Exuvie) von 100 cm Länge wird ziemlich genau 90 cm messen.

***Elaphe dione* aus Barnaul, Russland** Foto: S. Ryabov

ter mit einem relativ gedrungenen Körperbau. Sie zeigt einen ausgeprägten Sexualdimorphismus (in diesem Fall Größenunterschied bei den Geschlechtern), wobei erwachsene Weibchen immer und oftmals erheblich größer sind als die männlichen Tiere. Die größte von mir jemals vermessene Schlange, ein Weibchen, maß 125 cm und wog 690 g. Im Regelfall jedoch weisen die Männchen eine Länge von 70–80 cm und die Weibchen von 85–100 cm auf.

Die Dionenatter ist innerhalb ihres großen Verbreitungsgebietes sehr variabel in Färbung und Zeichnung. In der Grundfärbung können Grau- und Schwarztöne, aber auch Rot überwiegen. Allen Tieren gleich ist der dunkle Strich vor und hinter den Augen, und neben den erwähnten Farbkombinationen gibt es auch Tiere mit gelblichen Farbanteilen. Diese treten teils als Flecken an den Flanken, teils als Bestandteil des Musters der Rückenzeichnung auf, und neben rein gefleckten und gestreiften Tieren kommen auch jegliche Kombination beider Variationen vor. Ich habe im westlichsten Teil des Verbreitungsgebietes (in der Ukraine) Tiere mit fast aufgelöster schwarzer Zeich-

Normale und rötliche Form der Dionenatter aus der Gegend um Vladivostok, Russland
Foto: S. Ryabov

nung auf graphitgrauem Grund und einige Tausend Kilometer weiter östlich, an der russischen Grenze zu China und Nordkorea, Tiere ohne erkennbare Musterung mit dunkelbrauner bis fast schwarzer Färbung gefunden. Ebenfalls gibt es Exemplare mit rötlichen Einsprengseln an den Seiten, und die Bauchseite, welche meist schmutzig weiß bis gelblich gezeichnet ist, kann bei Tieren aus dem Kaukasus hellrot und bei solchen aus Mittelasien (Turkmenistan, Tadschikistan) einen türkis-blauen Schimmer annehmen.

Nahe Verwandte der Steppennatter sind beispielsweise die Amurnatter (*E. schrenckii*) und die Chinesische Leopardnatter (*E. bimaculata*). Der letztgenannten Art sehen einige Vertreter unserer Steppennatter zum Verwechseln ähnlich, und es gibt auch Wissenschaftler, die eine Kreuzung beider Arten im Verbreitungsgebiet in China für wahrscheinlich halten. Manche sehen auch beide Formen als eine Art an. Auf die Unterscheidung zwischen diesen Schlangenarten wird sehr anschaulich in der schon erwähnten Monographie von SCHULZ (1996) hingewiesen.

Steppennatter und Chinesische Leopardnattern im Vergleich. Außen jeweils *Elaphe bimaculata*, in der Mitte *Elaphe dione*. Foto: K.-D. Schulz

Verbreitung

DIE Steppennatter hat ein wahrhaft riesiges Verbreitungsgebiet, das von der Ukraine im Westen über die mittelasiatischen Republiken Turkmenistan, Usbekistan und Tadschikistan bis zur koreanischen Halbinsel reicht. Im Süden wird ihr Vorkommen durch die asiatischen Hochgebirge begrenzt, so hat sie den Iran zwar noch erreicht, Indien und den Irak jedoch nicht. Wo ihre Heimat im Norden, der russischen Taiga, endet, ist immer noch nicht endgültig geklärt. Zweifelsfrei ist sie eine der Schlangen mit dem größten Verbreitungsgebiet der Welt!

Aufgrund dieses riesigen Verbreitungsgebietes sowie der bereits oben umrissenen variablen Färbung leuchtet mir schwer ein, dass ein Tier aus den Vororten von Tbilissi in Georgien akkurat demselben Taxon angehören soll, wie das aus Pjöngjang, 5.000 km weiter nordöstlich, zumal sie komplett unterschiedlich aussehen. Dazu will ich später im Kapitel „Vergesellschaftung" noch etwas ausführlicher werden.

Der Trivialname „Steppennatter" ist nach meinen Erfahrungen im Freiland etwas irreführend gewählt, da er eine Zuordnung zu einem bestimmten Habitattyp impliziert. Gerade in Kasachstan, das pointiert ausgedrückt eigentlich nur aus Steppe besteht, fand ich im fachliterarisch bestimmten *Elaphe-dione*-Gebiet keine einzige Steppennatter, obwohl sie laut Aussagen russischer Zoologen und Einheimischer dort nicht selten vorkommt. Ich fand sie hingegen in der Ukraine in einer Art Heidelandschaft, in Georgien in lichten Wäldern in einer Höhe von mindestens 500 m über NN nahe

Verbreitungsgebiet der Steppennatter

der Hauptstadt Tbilissi und schlussendlich im russischen Fernen Osten, an der Grenze zu Nordkorea und China, in der russischen Taiga, allerdings nie im tieferen Wald. Im Gegenteil, in der Gegend von Chabarowsk fand ich vor über 25 Jahren ein wunderschönes Pärchen zusammen mit zwei Amurnattern unter dem aufgeheizten Blech eines ausrangierten Kühlschrankes auf einer Müllkippe.

Elaphe dione scheint zudem ein sogenannter Opportunist zu sein und durchaus eine Art Kulturfolge zu betreiben, denn wo Menschen sind, sind auch Nagetiere – ihre Beute – nicht weit. Nach meinem Dafürhalten jedenfalls gibt es kein typisches *Elaphe-dione*-Biotop. In direkter Nähe von stehenden oder fließenden Gewässern, also an Ufern von Seen und Flüssen, habe ich diese Art nie festgestellt, auch ein Fluchtreflex ins Wasser ist somit nie beobachtet worden.

Lebensraum in den Zagros-Bergen im nördlichen Iran Foto: F. Torki

Biotop bei Kramatorsk, Ukraine Foto: S. Ryabov

Gesetzliche Bestimmungen

LEDIGLICH ein Zipfel des Verbreitungsgebietes von *E. dione*, vielleicht ein Zwanzigstel ihres Gesamtvorkommens, liegt in Europa, und zwar in der Ukraine (ein Vorkommen in Moldawien konnte nie zweifelsfrei verifiziert werden). Ich hielt und vermehrte diese Schlange bestimmt schon über zwanzig Jahre, als Ende der 1990er-Jahre irgendjemand in der Berliner Naturschutzbehörde (Untere Naturschutzbehörde und Grünflächenamt) darauf kam, dass diese Art ja europäisch sei und somit unter die Bundesartenschutzverordnung

Je nach Bundesland kann die Haltung der Dionenatter mit Behördengängen verbunden sein
Foto: B. Treu

(BArtSchV) fallen muss! Es hat wirklich niemanden interessiert, dass meine Tiere, anhand ihrer Färbung einer Region deutlich zuordenbar, mit Sicherheit keine Europäer seien. Das letzte Paar hatte ich auf einer großen Terraristikbörse in Nordrhein-Westfalen für das oft erwähnte „Butterbrot" gekauft, wo sie als Futter für ophiophage (schlangenfressende) Arten im Giftschlangenraum angeboten wurden. Ich erwähne Berlin nur deshalb explizit, weil ich hier diese Erfahrungen gemacht habe und weiß, dass es Bundesländer gibt, wo der Nachweis der nichteuropäischen Herkunft durch den gewissenhaften Halter die Behörde beruhigt. Und ich hatte zu diesem Zeitpunkt Dutzende von Jungtieren über die Jahre abgegeben. Mein zuständiger Artenschutzbeamter zeigte sich auch sehr interessiert und verständig, denn wie sollte ich Herkunftsnachweise, Nachzuchtbescheinigungen – bitte amtlich abgestempelt! – und Rechnungen erbringen, wenn dies all die Jahre vorher nicht nötig gewesen war?

Aber die Vertreter der Behörden in anderen Stadtbezirken hielten stur an der Rechtslage fest und bedrängten unter anderem einen mir befreundeten Terrarianer, der Nachwuchsnattern von mir erhalten hatte, da ja die Elterntiere schließlich „illegal" seien. Das Tauziehen zog sich über fast eineinhalb Jahre hin, und es fielen auch Begriffe wie Geldstrafe und Beschlagnahme der Tiere, die faktisch über Nacht meldepflichtig geworden waren. Deswegen mein Rat für den Steppennatterninteressenten: Da diese Art jetzt anzeigepflichtig (bei der jeweiligen Naturschutzbehörde) ist und man einen Herkunftsnachweis für die Tiere benötigt, sollte man sich vorher informieren, wie Letzterer im eigenen Bundesland auszusehen hat. Meine Heimatstadt Berlin akzeptiert beispielsweise nur Einfuhrgenehmigungen (bei nicht EU-Ländern) und Nachzuchtbescheinigungen, am besten behördlich ausgefertigt und abgestempelt. Wenn ich nun eine Dionenatter aus Brandenburg erwerben will, wo der Halter nur ein Artenschutz-Zuchtbuch führen muss und normalerweise eine Kopie desselben, aus der Elterntiere respektive deren Herkunft und der Schlupf der Jungtiere hervorgehen, als Herkunftsnachweis ausreicht, kann ich hier in Berlin, zumindest in manchen Bezirken, Probleme mit der Anmeldung bekommen. Da wiehert der Amtsschimmel …

Woher bekomme ich meine Steppennattern?

DASS man vor dem Erwerb möglichst viele Informationen über die zukünftigen Pfleglinge sammelt und das Terrarium bereits vor deren Einzug fertig eingerichtet hat, setze ich als selbstverständlich voraus. Unbedingt vorher abgeklärt werden sollte auch die grundsätzliche Bereitschaft zur Schlangenhaltung aller Mitglieder des Haushaltes: Kommen sie alle damit klar, mit einer Schlange unter einem Dach zu wohnen, die Mäuse (wenn auch im vorliegenden Falle meist aufgetaute, also tote Tiere) als Nahrung benötigt?

Dionenattern werden in solch ausreichendem Maße nachgezogen, dass man keine Wildfänge zu erwerben braucht. Wer das Internet, außer zur Kontaktaufnahme, weiter dazu nutzt, Tiere zu bestellen, wird sehen, was er davon hat. Ob Händler oder Privatterrarianer, das Gegenüber sollte seriös wirken und auch nachvollziehbar Anfängerfragen beantworten können. Jungschlangen – und einem Einsteiger würde ich zu diesen raten – sollten lebendig und interessiert im Becken unterwegs

Mit etwas Glück erhält man Nachzuchttiere der Dionenatter auch in Terraristik-Fachgeschäften Foto: B. Treu

sein, außer sie haben sich in der Häutungsphase zurückgezogen. Ideal ist es, wenn man die Tiere bei einem vorherigen Besuch bei der Nahrungsaufnahme beobachtet hat. Selbst ein „Beißversuch“ ist ein besseres Zeichen als Apathie. Schauen Sie nach Anzeichen einer art- und tiergerechten Haltung: Ist der Behälter sauber, oder liegen Ausscheidungen oder Häutungsreste herum? Ist der Wassernapf sauber und gefüllt? Erkundigen Sie sich auch nach den genauen Parametern in der Haltung, die man zu Hause einstellen muss. Wann hat sich das Tier zuletzt gehäutet, wann gefressen? Hält man die junge Schlange in der Hand und gleitet vorsichtig mit einen Fingernagel über die Wirbelsäule, sollten keine Erhebungen spürbar sein, auch eine faltige Haut oder ein herausstehendes Rückgrat (welches der Schlange einen dreieckigen Querschnitt verleiht) würden mich bedenklich stimmen. Niemand kann von einem Anfänger verlangen, einen geringen Milbenbefall zu diagnostizieren, schiebt sich die Natter allerdings eng durch die Finger und bleiben schwarze Pünktchen zurück, die sich dann auch noch bewegen, würde ich den Kauf nochmals überdenken.

DER PRAXISTIPP

Im günstigsten Fall kann man einen Züchter oder Händler, der gesunde Jungtiere abgeben will, durch persönliche Empfehlungen kennenlernen. Sind Bekannte zufrieden mit ihrer Quelle, ist das eine deutliche Empfehlung für den Kauf. Verdächtig sind aggressive Verkaufstechniken und Dumpingpreise, hier könnte man davon ausgehen, dass etwas nicht mit rechten Dingen zugeht.

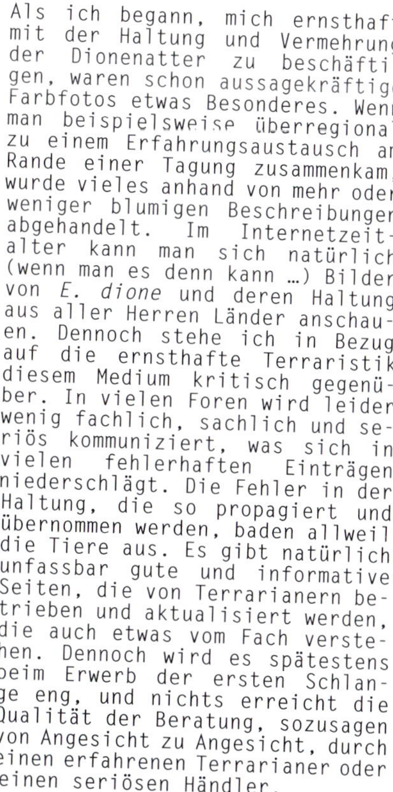

VON VOR- UND NACHTEILEN DES INTERNETS

Als ich begann, mich ernsthaft mit der Haltung und Vermehrung der Dionenatter zu beschäftigen, waren schon aussagekräftige Farbfotos etwas Besonderes. Wenn man beispielsweise überregional zu einem Erfahrungsaustausch am Rande einer Tagung zusammenkam, wurde vieles anhand von mehr oder weniger blumigen Beschreibungen abgehandelt. Im Internetzeitalter kann man sich natürlich (wenn man es denn kann …) Bilder von *E. dione* und deren Haltung aus aller Herren Länder anschauen. Dennoch stehe ich in Bezug auf die ernsthafte Terraristik diesem Medium kritisch gegenüber. In vielen Foren wird leider wenig fachlich, sachlich und seriös kommuniziert, was sich in vielen fehlerhaften Einträgen niederschlägt. Die Fehler in der Haltung, die so propagiert und übernommen werden, baden allweil die Tiere aus. Es gibt natürlich unfassbar gute und informative Seiten, die von Terrarianern betrieben und aktualisiert werden, die auch etwas vom Fach verstehen. Dennoch wird es spätestens beim Erwerb der ersten Schlange eng, und nichts erreicht die Qualität der Beratung, sozusagen von Angesicht zu Angesicht, durch einen erfahrenen Terrarianer oder einen seriösen Händler.

Transport und Quarantäne

ZUM Transport eignen sich hauptsächlich gut durchlüftete Behälter wie z. B. sogenannte Pet- oder Faunaboxen, Vorratsdosen mit Luftlöchern oder auch Leinensäckchen. Wichtig ist natürlich, dass die kleinen Nattern durch keinen Spalt entkommen können. Ich wähle meist die Stoffbeutelvariante, weil das Tier sich, wenn man die Beutel mit der Naht nach außen wendet, nicht verletzen kann und optische Irritationen von außen vermieden werden. In einem Klarsichtgefäß sieht die kleine Schlange jeden Schatten und jeden Vogel, was das Tier unnötig stresst, zumal es grade seine gewohnte Umgebung, in dem es seine ersten Lebenswochen verbracht hat, verlassen hat.

Ein Stoffbeutel, möglichst ohne viel Werbeaufdruck (durch den Aufdruck wird der Luftaustausch oft reduziert), ein kleiner Kopfkissenbezug nach außen gewendet oder selbst genäht – dann tiefer als breit ausgeführt – reicht zum Transport vollkommen aus. Ich habe als Jugendlicher in Notsituationen Schlangen in – möglichst gewaschenen – Socken transportiert. Den Stoffbeutel mit der Schlange kann man auch unter der

DER PRAXISTIPP

Bei längeren Transporten Finger weg von sogenannten „Heatpacks“, die durch Knicken und eine darauffolgende chemische Reaktion starke Wärme erzeugen. Zu besagter chemischer Reaktion gehört nämlich der Verbrauch von Sauerstoff als Katalysator, und somit kann die Atemluft für die Schlangen eng werden.

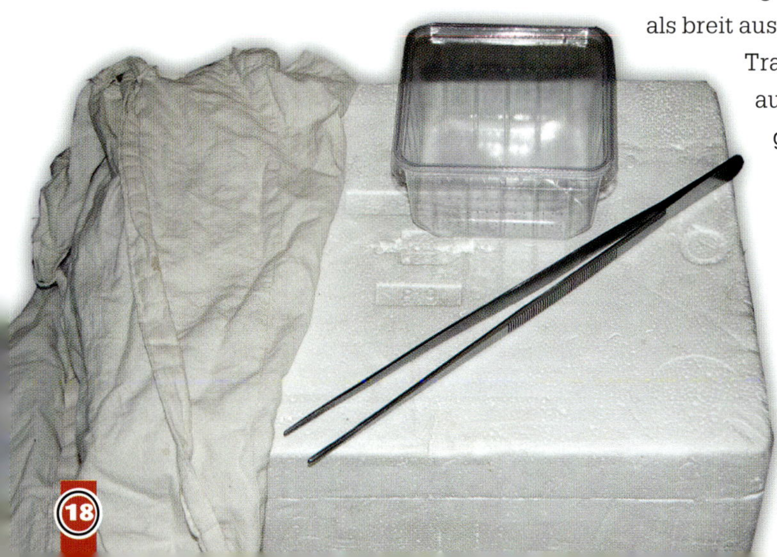

Eine Pinzette zum Füttern, ein Leinenbeutel sowie ein Styroporbehälter zum Transport der Schlangen sollten im Besitz eines jeden Halters sein. Oft gesehen, aber aufgrund des Wärmeverlustes keinesfalls zu empfehlen: Löcher in der Styroporbox. Foto: B. Treu

Oberbekleidung transportieren, sodass die Temperatur durch die Körperwärme nicht zu tief sinkt. Wenn man dies nicht will, leistet eine Styroporbox, wie sie von Pizzadiensten verwendet wird, gute Dienste. Es sollten keine Löcher in das Styropor gebohrt werden, da dadurch Wärmebrücken geschaffen werden! Besagter Beutel oder eben ein Plastikbehälter werden in der Box, je nach Jahreszeit, durch eine Wärmflasche temperiert. Doch Vorsicht vor Überhitzung! Die Gefahr des Verbrühens ist ebenso real wie die der Unterkühlung. Solange die Steppennattern jedoch nicht direkt mit Minusgraden konfrontiert werden, sind sie aufgrund ihrer geografischen Herkunft nicht gleich vom Kältetod bedroht. Hohe Temperaturen sind auch zumindest im Sommer ein Problem, die Transportkiste sollte daher nicht in der Sonne oder im Auto auf der Hutablage stehen. Gegebenenfalls wird etwas feuchtes Terrarienmoos zur Schlange gegeben und die Wirkung der Verdunstungskälte ausgenutzt.

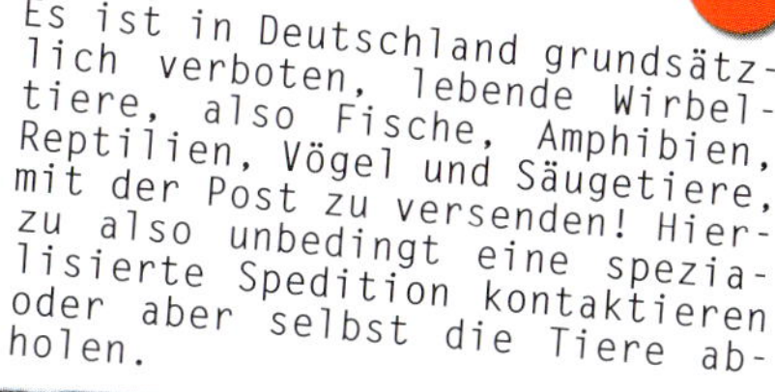
WUSSTEN SIE SCHON?

Es ist in Deutschland grundsätzlich verboten, lebende Wirbeltiere, also Fische, Amphibien, Reptilien, Vögel und Säugetiere, mit der Post zu versenden! Hierzu also unbedingt eine spezialisierte Spedition kontaktieren oder aber selbst die Tiere abholen.

Beim Erhalt der ersten oder der ersten beiden Jungnattern in einem ansonsten schlangenfreien Haushalt muss aus meiner Sicht keine Quarantäne eingehalten werden. Sollten bereits andere Reptilien vorhanden sein, ist sie unvermeidbar. Keinesfalls setzen wir jedoch neue Schlangen zu unseren Exemplaren, ohne zumindest 6–8 Wochen Isolation in einem hygienisch eingerichteten Behälter einzuhalten. Auch beim Erwerb mehrerer Schlangen ist eine Einzelhaltung zumindest in Bezug auf die Fütterung sinnvoll, da wir dann beim Abgeben einer Kotprobe zweifelsfrei wissen, von welchem Individuum sie stammt. Im Quarantänebecken genügen Küchenkrepp (unbedruckt) auf dem Boden, ein Wassernapf und ein möglichst enges Versteck, um dem Tier Sicherheit zu vermitteln, als Einrichtung völlig aus. Haben wir keine Ekto- und Endoparasiten (Außen- bzw. Innenparasiten) festgestellt, fressen und wachsen die Neuankömmlinge normal, können wir sie in das eigentliche Terrarium überführen.

Das Terrarium

NATÜRlich benötigt jede Schlangenart ein Terrarium, das ihrer Lebensweise und ihren Ansprüchen genügt. Im Gutachten des Ministeriums für Ernährung, Landwirtschaft und Forsten über die „Mindestanforderungen an die Haltung von Reptilien" (BMELV 1997) heißt es zwar, dass ein artgerechtes Terrarium mindestens die Länge von 1 × 0,5 × 1 (Länge × Tiefe × Höhe) der gehaltenen Natter aufweisen soll und das Volumen für jedes weitere Tier um 20 % zu erhöhen sei. Daher würde ich für ein Paar *E. dione* ein Terrarium mit den Maßen 100 × 50 × 60 cm (L × T × H) empfehlen, für Einzeltiere 80 × 40 × 50 cm. Im genannten Gutachten wird aber auch angeführt, dass Behälter, die bei Aufzucht und Winterruhe Verwendung finden, deutlich geringer bemessen sein dürfen. Meiner Meinung nach müssten für eine artgerechte Haltung die Aufzuchtterrarien auf alle Fälle deutlich kleiner sein, da die Kleinschlangen auf engerem Raum besser zu kontrollieren sind und besser fressen und wachsen. Je kleiner eine Natter ist, desto mehr Prädatoren (Fressfeinde) stellen ihr in der Natur nach, und dieses instinktive Verhalten, möglichst kurze Wege zu Versteck, Wasser und Nahrung zu gehen, wird in einer Haltungsweise, die eigentlich bei jedem Nager unter Tierquälerei laufen würde, unterstützt. Für ein einzelnes kleines Jungtier reicht daher ein Behälter von 30 × 30 × 20 cm vollkommen aus.

Kommen wir aber nun zur Basis der Terrariengestaltung. Gerade viele Anfänger denken, dass ein Terrarium aus Glas sein müsste, was aber bei sauberer Imprägnierung nicht einmal für Regenwaldbecken gilt. Diesbezüglich sei auf die weiterführende Literatur am Ende des Buches verwiesen. Natürlich kann man gerade kleinere Schlangen wie *Elaphe dione* in handelsüblichen Terrarien halten. Ich persönlich finde diese jedoch etwas ungeeignet, unter anderem

DER PRAXISTIPP

Sollen mehrere Terrarien zur Aufnahme verschiedener Schlangen aufgestellt werden, kann man die Stromkosten deutlich geringer als bei sogenannten Solitärbecken halten, wenn die Behälter übereinander angeordnet werden. Die Lampe des unteren Terrariums beheizt dann das jeweils darüberstehende.

wegen der zu geringen Frontsteghöhe und der vorderen, unteren Lüftungsgitter, durch die diese agilen Nattern permanent Bodensubstrat, aber auch Ausscheidungen nach draußen befördern. Zudem knirscht es dann ständig in der unteren Glaslaufschiene. Gut behandelte Holzterrarien sind ebenso geeignet und können genau wie Glasbecken gereinigt bzw. desinfiziert werden. Abgesehen davon ist Glas wärmeleittechnisch im Vergleich zu beispielsweise meinem favorisierten Werkstoff Grobspan- oder OSB-Platte (für englisch: Oriented Strand Board) katastrophal. Wenn man nun aber Rück- und Seitenwände sowieso verkleidet, um die Temperatur im Behälter kostengünstig hoch zu halten, aber auch, um den Schlangen Rückzugsmöglichkeiten zu schaffen, kann man gleich einen alternativen Werkstoff wie z. B. besagtes OSB wählen. In den USA sind zu Zuchtzwecken sogenannte „Tanks" erhältlich, bestehend aus stabilem Kunststoff mit Schiebescheiben. Deren Optik empfinde ich allerdings wie ein Bonbonfach im Supermarktregal.

Ich will nachfolgend auch nur auf einige wichtige Details beim Terrarienbau eingehen, mittlerweile haben sich sogar Tischlereien darauf spezialisiert, wobei natürlich die leichte Verarbeitung neben

Blick auf einen Teil der alten Terrarienanlage des Verfassers Foto: B. Treu

Das abgebildete Glasterrarium weist seitliche Glasführungsprofile, einen hohen Frontsteg sowie senkrechte Zuluft auf Foto: B. Treu

dem geringeren Gewicht und dem günstigeren Preis für Spanplatten und gegen Glas spricht. So würde ich bei einem Terrarium die unteren Lüftungsöffnungen immer senkrecht einbauen und die Frontsteghöhe ruhig auf ein Viertel der Gesamthöhe bemessen.

Für unsere Größenordnungen reichen OSB-Platten in der Stärke von 15 mm. Diese werden verschraubt und gleichzeitig mit Holzleim verklebt. Der Bodenbereich und die Fugen werden mit einem wasserlöslichen Kautschuk (Duschdicht aus dem Baumarkt) ausgestrichen, da sich Silikon in den Fugen lösen kann.

Die unteren Lüftungslöcher schneide ich mit einer Lochkreissäge von 6 cm Durchmesser. In dieses Format können passgenau die handelsüblichen Flusensiebe

DER PRAXISTIPP

Wir benötigen eine untere (Zuluft) und eine obere (Abluft) Öffnung zur Luftzirkulation im Terrarium. Diese wählen wir besser gleich etwas großflächiger und können bei Bedarf Teile davon abdecken, als dass wir im Sommer einen Hitzestau im Behälter riskieren. Ob die Be- und Entlüftung vorn unten und hinten oben liegt, ist egal, auch seitlich oben/unten oder an der Rückwand unten und oben mittig oder vorn ist möglich; selten steht ein Terrarium flächenbündig komplett an einer Wand. Niemals jedoch dürfen Zu- und Abluft auf einer Höhe liegen, da die Schlangen ansonsten Zugluft ausgesetzt wären.

Natternterrarium mit Abtrennung im Rohbau. Man beachte die Imprägnierung im Bodenbereich. Foto: B. Treu

Beim Bau dieses Terrariums wurden zum Schutz vor Feuchtigkeit OSB-Zuschnitte benutzt Foto: B. Treu

Dionenatter im Terrarium des Verfassers Foto: B. Treu

aus Metall, wie sie für Waschmaschinen und Wäschetrockner erhältlich sind, eingeklebt werden. Sie sind stabil und sehen zudem auch ansprechend aus. Die Wölbung dieser Siebe wird aus optischen Gründen nach innen gerichtet, damit das Terrarium außen keine „Beulen" hat. Im Inneren des Terrariums kann der Rand auch besser mit der Wandgestaltung kaschiert werden. Für die Abluft verwende ich Metallgaze, die ich auf einen Ausschnitt in der Deckenplatte klebe und/oder mittels eines Tackers und Heftklammern befestige; bei einer Beckentiefe von 50 cm würde ich den Ausschnitt ungefähr 15 cm breit wählen. Metallgaze lässt viel besser Licht und Wärme hindurch als z. B. Lochblech, was unter dem Aspekt der Terrarienbeleuchtung nicht unwichtig ist. Dringend abzuraten ist von Kunststoffgaze, den sogenannten Fliegengittern, die durch die Wärmeproduktion der Beleuchtung und vielleicht doch einmal lebend angebotenen Futternagern Schaden nehmen können.

Den unteren Bereich des Terrariums, etwa bis in Höhe des Frontsteges, streiche ich drei bis vier Mal satt mit Duschdicht-Anstrich. Hierbei handelt es sich um eine wasserlösliche, nach dem Aushärten völlig ungiftige Kautschukmasse, die zum Auftragen auf Feuchtraumgipskartonplatten vor dem Fliesen gedacht ist. Ist diese Beschichtung, die im Unterschied zu Epoxidharz geruchsneutral und einfacher zu verarbeiten ist, getrocknet, werden alle Fugen des Terrariums mit Silikon abgezogen.

Ich statte meine Terrarien stets mit Schiebescheiben aus, weil man durch sie auch kleinere Bereiche der Front öffnen kann und sie zudem einfacher zu montieren und zu sichern sind. Jedoch sollten auch Klapptüren bei der Haltung von Dionenattern kein Hindernis sein, da diese Schlangen beim Öffnen nicht gleich stürmisch aus dem Becken geschossen kommen. Ein Schloss sorgt für das sichere Schließen der Frontscheiben – vielleicht kommen ja Kinder zu Besuch, die nicht solch kleine Lieblinge wie die eigenen sind … Auch gibt es Katzen, die den Hohlraum zwischen ihren Pfotenballen wie einen Saugnapf benutzen, um an das schöne, sich bewegende „Spielzeug" zu kommen. Prinzipiell abzulehnen ist eine obere Deckelöffnung, dies ist bei üblichen Aquarien ein zweiter Schwachpunkt neben dem mangelnden Gasaustausch. Keine Schlange mag es, wenn man sich ihr von oben nähert, da in der Natur auch die Beutegreifer von oben kommen. Außerdem wär bei so einer Öffnung beim Hantieren im Terrarium ständig die Beleuchtung im Wege.

Diese frisch in ihr Terrarium gesetzte Dionenatter erkundet züngelnd ihre Umgebung Foto: B. Treu

Terrarientechnik

DIE Beleuchtung gestaltet sich bei den Steppennattern ziemlich einfach. Wichtig ist ein Tag-Nacht-Rhythmus, der außerhalb der Wintermonate bei durchschnittlich zwölf Stunden liegt. Wer solch technische Raffinessen wie eine Dämmerungslichtschaltung montieren möchte, kann das gern tun. Weiterhin brauchen wir den schon erwähnten „Hot-Spot", ob wir diesen mittels Strahler oder Bodenheizung schaffen, ist in der Praxis offensichtlich einerlei; ich habe Dionenattern mit beiden Methoden erfolgreich gehalten und vermehrt. Strahlungswärme setzt natürlich noch einen zusätzlichen Lichteffekt und kommt den Gegebenheiten in der Natur näher.

Egal ob Heizkabel/-matte oder Strahler, jegliche Technik im Umfeld der Terrarientiere bedarf einer besonderen Sicherung! Schlangen haben andere Hautwärmerezeptoren als z. B. tagaktive Echsen, und diejenigen Terrarianer, die immer noch freihängende Strahler verwenden (und meinen, ihre Zöglinge kommen da sowieso nicht heran, und außerdem ist es ja in diesem oder jenem Buch so abgebildet ...), haben meines Erachtens bis jetzt Glück gehabt. Ich habe meine diesbezügliche Lektion als Dreizehnjähriger schmerzhaft mit einem Dunklen Tigerpython (*Python bivittatus*) und einer ungesicherten Neonröhre gelernt. Ob man den Strahler über der Drahtgaze in der Deckenplatte des Beckens anbringt oder ihn im Becken durch eine Drahtgeflechtkonstruktion absichert, bleibt jedem selbst überlassen. Bei Bodenheizungen müssen ebenfalls gewisse Vorkehrungen getroffen werden. Deren Verwendung unter einer 15 mm starken Holzplat-

DER PRAXISTIPP

Die Temperatur sollte, ganz gleich, ob mit dem klassischen Terrarienthermometer oder einem digitalen Messgerät, immer nur dort gemessen werden, wo sich die Nattern tatsächlich aufhalten. Ein mittig an die Wand geklebtes Thermometer vermittelt uns nur einen Durchschnittswert und nicht das reale Gefälle zwischen kühlsten und wärmsten Bereich, das jedes Reptil als wechselwarmes Tier benötigt. Ich entferne die Thermometer nach erfolgter Ablesung, dies erhöht nicht nur ihre Lebensdauer, sondern sieht auch einfach besser aus, wenn wir ein naturnah gestaltetes Terrarium vor uns haben. Berücksichtigung finden muss auch die umgebende Raumtemperatur respektive mögliche Sonneneinstrahlung – was im März in Ordnung ist, kann im Juli unter Umständen für die Schlangen tödlich sein.

te erbringt keine ausreichende Heizleistung mehr, also sollte man sie im Behälter installieren und mit Schieferplatten, Fliesen oder vielleicht einer dünnen Schicht Fliesenkleber gegen Verrutschen oder Beschädigung schützen. So kann man beispielsweise ein Terrarium mit den Maßen 100 × 50 × 60 cm (L × T × H) mit einem 40-W-Strahler ausstatten. Dies setzt jedoch voraus, dass sich die Schlange in einer ungefähren Distanz von 20 cm unter dieser Lampe platzieren kann, denn es wird ungefähr ein halbes Watt Strahlungswärme pro cm Abstand zum Tier benötigt. Alternativ dazu lässt sich cinc Bodenheizung mit 15 W (Heizmatte) oder 25 W (Heizkabel) verwenden.

Für die Beleuchtung benutze ich seit neuerer Zeit aus ökonomischen und ökologischen Gründen Energiesparlampen; handelsübliche Leuchtstoffröhren erfüllen diesen Zweck aber auch. Für unser Beispielbecken würde ich eine Leuchtstoffröhre von 18 W oder eine Energiesparlampe von 11 W empfehlen. Punktuell sollte an einem Ort im Terrarium eine Temperatur von 30 °C erreicht werden. Daraus resultierend wird der kühlste Bereich, je nach Raumtemperatur, zwischen 20 und 24 °C aufweisen. An dieser Stelle möchte ich bei der Verwendung von Bodenheizungen dringend zu Markenware raten, obwohl diese deutlich teurer ist als mitunter angebotene Billigartikel. Ich habe es wahrhaftig gesehen, dass Billigheizmatten mit Klarsichtoptik zu qualmen anfingen, obwohl sie lediglich frei auf dem Tisch liegend verwendet wurden. Eine Heizmatte guter Qualität, die als Unterlage für Terrarien und Aquarien geeignet ist, sollte auch problemlos das Gewicht eines vollständig eingerichteten Beckens aushalten können.

Leuchtstoffröhren mit verschieden intensiver Lichtabstrahlung (T5 und T8). Der Halogenstrahler sorgt für einen Sonnenplatz. Foto: B. Treu

Einrichtung

DIONEnattern klettern zwar gern, sind dabei aber nach meiner Erfahrung nicht so geschickt wie z. B. die südostasiatischen Kletternattern, sodass die Stärke der angebotenen Äste mindestens das Dreifache des Schlangenumfanges betragen sollte. Sie können auch noch dicker sein, wichtiger dabei ist die Art des Holzes. Ich verwende seit Jahrzehnten ausschließlich Robinie oder altes Obstbaumholz. Die Rinde belässt man am Holz, was ich nicht nur aus optischen Gründen empfehle, sondern auch, weil die Schlangen hier besseren Halt finden. Im Internet liest man oft, dass man aus hygienischen Gründen alle Kletteräste entrinden sollte. Dies sieht aber einerseits ausgesprochen unnatürlich aus, und andererseits lassen sich auch natürliche Dekorationselemente beispielsweise mit einem Dampfstrahler („Dampfente" für den Hausgebrauch) von unerwünschten Mitbewohnern befreien. Auch ist es in meinen Augen wenig sinnvoll, die Äste zu schälen, aber die Rückwand aus schön unregelmäßig strukturiertem Kork zu gestalten.

Ähnlich der Amurnatter (*E. schrenckii*) „stürzen" Steppennattern beim Klettern manchmal ab. Wie bereits erwähnt, habe ich

DER PRAXISTIPP

Elaphe dione wühlt und gräbt mitunter recht gern, deswegen sollte alles im Terrarium gut fixiert oder sehr schwer sein. Unschön ist es, wenn der Wassernapf von der Schlange ständig umgekippt wird. Deswegen rate ich zu schweren Keramikgefäßen, die für größere Nager gedacht sind und recht preiswert angeboten werden. Schöner, aber teurer sind Felsimitationen aus diversen Kunststoffen respektive mineralischem Material, die man gut in den Ecken aufstellen kann. Die Stärke einer 80 cm langen Steppennatter sollte nicht unterschätzt werden, dies gilt grade auch im Hinblick auf mögliche Spalten und Ritzen im Terrarium sowie den festen Aufbau von Einrichtungsgegenständen.

Druckluftsprühgerät zum Erhöhen der Luftfeuchtigkeit im Terrarium
Foto: B. Treu

Bei diesen handelsüblichen Kokosfaserrückwänden sind die ursprünglich zur Bepflanzung gedachten Mulden beliebte Ruheplätze von *Elaphe dione* Foto: B. Treu

die Schlangen auch in der Natur meist auf dem Boden oder in Bodennähe gefunden. Dennoch liegen sie gern erhöht. Man kann ihnen eine bequeme Astgabel o. Ä. unter dem Strahler anbieten oder aber, was ich bevorzuge, entsprechende Plateaus zu diesem Zweck installieren. Diese werden beispielsweise aus Styropor gefertigt und mit Fliesenkleber überzogen und in die gestaltete Rückwand integriert.

Die Rückwände in meinen Becken gestalte ich grundsätzlich als Felsenimitation. Ich benutze hierfür Flex-Fliesenkleber auf entsprechend vorbereiteten Formen aus Styropor oder Bauschaum, auch hierzu sei die weiterführende Literatur am Ende des Buches empfohlen (Wilms 2004). Bei der farblichen Gestaltung der Rückwände verwende ich seit Jahren Pigmentfarben, egal ob aus dem Künstlerbedarf oder dem Baumarkt, wo sie als Zusatz für farbigen Fassadenputz eingesetzt werden. Das Farbpulver wird in den trockenen Fliesenkleber eingerührt, wodurch eine homogen gefärbte Masse entsteht. Falls mal ein Stück der Rückwand abplatzt, kommt dann kein unschönes Betongrau zum Vorschein. Bei der Akzentuierung der Farbe muss man etwas experimentieren und bekommt so früher oder später das gewünschte Ergebnis heraus. Da die Tiere sich nicht selten

Diese Höhlen (in der Mitte mit einer Tafel *Sphagnum*-Moos, die eingeweicht in die Höhle gegeben wird) werden speziell von juvenilen *Elaphe dione* gern als Versteck angenommen
Fotos: B. Treu

Humusziegel geben nach dem Aufweichen und anschließendem Trocknen einen hervorragenden Bodengrund zur Haltung von *Elaphe dione* ab
Foto: B. Treu

Dieser Eckwassernapf im Felsdesign fasst einen knappen Liter Wasser
Foto: B. Treu

Ein weiteres mögliches Trinkgefäß vor allem für Jungschlangen
Foto: B. Treu

Moorkienholzwurzel
Foto: B. Treu

Diese Kunstpflanzen mit relativ großen Blättern werden gerade von semiadulten Tieren gerne angenommen Foto: B. Treu

längs der Rückwand und auf den Traversen entleeren, ist diese Art der Gestaltung sinnvoll, und Verschmutzungen lassen sich mit einer alten Zahnbürste und einem Wassersprüher schnell entfernen. Wenn es mit der Verschmutzung gar zu schlimm wird, kann man den ganzen Bereich mit einer dünnen Schicht eingefärbten Fliesenkleber neu überstreichen.

Das Einbringen echter Pflanzen ins Terrarium ist insofern problematisch, da die Tiere oft den Bodengrund durchpflügen und somit die Wurzeln beschädigen oder gleich die ganze Pflanze umwerfen. Besser ist es daher, die Pflanzen einfach im Topf zu belassen und diesen entsprechend im Boden oder den Aufbauten gut zu verankern. Ich habe es mehrfach so gehalten, dann aber die Pflanze während der Winterruhe zur Kur aufs Fensterbrett gestellt. Einfacher im Handling sind Kunststoffpflanzen aus dem Fachhandel, die mittlerweile fast als „echt" durchgehen und bei Verschmutzung durch Schlangenkot einfach heiß abgeduscht werden können.

Ein Versteck für die Tiere ist ebenfalls wichtig. Hier können halbierte Kokosnussschalen oder Blumentöpfe genutzt werden, aber auch Korkrinde oder handelsübliche Unterschlüpfe aus Keramik. Wichtig ist, dass sich die Schlange zurückziehen kann, wobei *E. dione* von dieser Möglichkeit eigentlich nur in der Zeit vor der Häutung Gebrauch macht.

Trinkwasser bietet man möglichst in einem Gefäß an, in dem die Nattern auch baden können, obwohl sie dies eigentlich nur selten tun. Ich hatte aber ein Männchen, welches während einiger besonders heißer Sommer den Wassernapf nicht einmal zur Nahrungsaufnahme verließ. Liegen die Schlangen jedoch permanent im Wasser, ist leider oft ein Milbenbefall die Ursache dieses Verhaltens.

Bei der Wahl des Bodengrunds scheiden sich oftmals die Geister (siehe dazu auch Treu 2007). Ich persönlich verwende eine Mischung aus Quellhumus und feinem Rindenmulch aus dem Terraristik-Fachhandel (normalerweise im Verhältnis von 1 : 1, soll das Feuchtigkeitsregime höher liegen, z. B. bei der Jungenaufzucht, wählt man einen höheren Anteil an Quellhumus). Man kann leicht jede Bodenfeuchtigkeit erreichen, es sieht natürlich aus und bindet die Ausscheidungen durch hohe Saugfähigkeit. Viele Terrarianer verwenden handelsübliche Nagerweichholzspäne, die allerdings schnell schimmeln oder faulen können. Hanfpellets oder -schäben (zerkleinerte Holzteile des Stängels) sind eine Alternative, haben aber aus meiner Sicht keine schöne Optik. Sand lässt die flüssigen Teile des Kotes durchsickern, und Katzenstreu auf Ton-Basis sowie Buchenspäne (die eigentlich zum Räuchern von Fisch und Fleisch gedacht sind) können beim Verschlucken lebensgefährlich für die Schlangen werden, was ich zu meinem Leidwesen (und dem der betroffenen Tiere) schon selbst feststellen musste. Abzuraten ist auch von allen konventionellen Produkten aus der Gärtnerei oder dem Baumarkt, denn durch eine Verunreinigung mit Pestiziden oder Dünger kann eine Gefährdung der Schlangen durchaus gegeben sein. Hier ein paar Euro einsparen zu wollen, hat sich schon manches Mal gerächt.

Ein Pärchen der Dionenatter Foto: B. Treu

Ernährung

DAS natürliche Beutespektrum der Steppennatter ist sehr breit gefächert. Für uns Halter sind allerdings ausschließlich Nager und in geringem Maße Vögel von Belang. Nicht empfehlen kann ich die Verfütterung von Eintagsküken, auch wenn die Dionenattern sich mitunter extrem gierig darauf stürzen. Die Küken sind wirklich erst einen Tag alt und weisen offensichtlich einen zu niedrigen Vitamin- und Mineralstoffgehalt auf. Ich habe zwei Weibchen der Amurnatter (*Elaphe schrenckii*) verloren, die außer Küken keine andere Beute mehr akzeptierten und deren anschließender Todesbefund auf Rachitis hinwies. Abgesehen davon ist der Kot der Dionenattern nach dem Verzehr von Küken extrem dünnflüssig und übelriechend. Also füttern wir, je nach Größe der Schlange, mit kleineren Ratten, Mäusen, Vielzitzenmäusen, Hamstern und Wüstenrennmäusen. Ein befreundeter Schlangenhalter füttert seine Steppennatter mit neugeborenen Kaninchen, wenn die Saison es ermöglicht. Jede Schlange hat bestimmte Vorlieben für spezielle Futtertiere. Die Exemplare, die ich im Moment pflege, ziehen halbwüchsige Vielzitzenmäuse allen anderen Nagetieren vor. Allgemein kann man sagen, dass eine Dionenatter eher an kleinere Futtertiere geht, d. h., lieber zwei halbwüchsige Mäuse (sogenannte „Springer") als eine ausgewachsene frisst, obwohl sie diese sicherlich auch bewältigen könnte.

Die Frage, ob man seinen Schlangen lebende oder tote Futtertiere anbieten soll, wird immer wieder diskutiert. Ich verfüttere ausschließlich tote Nager und dies aus mehreren Gründen. So ist in der Literatur oft von „frischtoten" Mäusen die Rede, bloß wer tötet die Tiere für uns, sodass wir sie

DER PRAXISTIPP

Zum Auftauen der Futtertiere lege ich diese mit etwas Küchenkrepp, weil manchmal etwas Körperflüssigkeit austreten kann, auf den Lichtkasten eines anderen Terrariums (im Sommer) oder während der kälteren Jahreszeit auf die Heizung. Eine erwachsene Maus ist nach 5-6 Stunden fertig zum Verfüttern. Man kann auch die Futtertiere in warmem Wasser auftauen, was deutlich schneller geht obwohl dabei eventuell Nährstoffe ausgespült werden. Wichtig ist in jedem Fall, dass das Futtertier vollständig aufgetaut und ohne inneren Eiskern verfüttert wird. Das lässt sich durch leichtes Drücken mit der Hand testen.

Beispiele für die verschiedenen Größen und Arten gefrorener Futternager Foto: B. Treu

noch warm verfüttern können? Laut § 1 des Tierschutzgesetzes darf niemand einem Wirbeltier „… Schmerzen, Beeinträchtigungen zufügen oder es töten…“, der kein Veterinär ist oder eine diesbezügliche Sondergenehmigung aufweist. Wenn wir dagegenhalten, dass die Schlange das Tier länger quälen würde, weil sie es lebend frisst, ist dies rechtlich irrelevant. Und es ist zudem eine Mär, dass jede ungiftige Schlange ihr Opfer blitzschnell packt, erdrosselt und verschlingt. Viele Arten, bei *Elaphe dione* nur einige Exemplare, fressen ihre Beute bei lebendigem Leibe, und ich persönlich mag mir dies in meinen Terrarien nicht anschauen. Gerade Jungschlangen fressen ihre Beute von hinten, und das lebende Mäusebaby quiekt dann noch minutenlang. Weiterhin gibt es einige Länder inner- und außerhalb der EU, in denen das Verfüttern lebender Wirbeltiere verboten ist. Das Verfüttern toter Nahrung ist auch sicherer für unsere Pfleglinge, denn gelegentlich wehrt sich die Maus und beißt die Schlange, besonders wenn diese zu langsam agiert. Und wenn die Schlange schlimm gebissen wurde und darauf die Nahrungsaufnahme einstellt, haben wir ein ernsthaftes Problem. Ich bin auch schon mehrfach mit solch stark gebissenen Schlangen konfrontiert worden, bei denen die Genesung Jahre dauerte oder

der Tierarzt für eine Erlösung des betroffenen Tieres sorgen musste. Ein weiterer Punkt, der für die Verwendung aufgetauter Futtertiere spricht, ist das bequeme Handling. Frostfutter ist leicht beim Spezialisten zu beschaffen und zu lagern, und man kann für jedes Schlangenalter die adäquate Nagergröße bereithalten. Bei der Steppennatter habe ich glücklicherweise bei noch keinem Exemplar, selbst bei Wildfängen, erlebt, dass es nicht früher oder später tote Mäuse akzeptierte, ja nicht selten, speziell bei Männchen, wurden lebende Mäuse sogar verweigert.

Makrolonkäfige eignen sich besonders zur Hälterung und Zucht von Futternagern
Foto: B. Treu

Einige Terrarianer bevorzugen die eigene Vermehrung von Futternagern. Das muss jeder für sich entscheiden, denn es gibt einige Punkte dabei zu beachten. Da sind die Akzeptanz durch die Familie, der benötigte Platzbedarf und eine manchmal intensive Geruchsbelästigung, vor allem bei Mäusen. Geeignete Nagerkäfige, sogenannte Makrolonwannen, sind nicht billig, dazu kommen Einstreu, hochwertiges Nagerfutter („Wasser-und-Brot-Mäuse“ sind für unsere Zwecke nicht geeignet, und diese Ernährung ist zudem auch nicht artgerecht) sowie eventuell Energie für Heizung oder Beleuchtung. Nicht zuletzt will wohl niemand irgendwann mehr Zeit mit der Reinigung und Fütterung der Futtertiere verbringen als mit den eigentlichen Terrarientieren. Abgesehen davon vermehren sich alle Futtertierarten mehr oder weniger zyklisch, d. h., wir haben einen Überschuss oder zu wenig Tiere, da wir für die Weiterführung der Zucht stets ei-

Weibliche Steppennatter nach der Nahrungsaufnahme Foto: B. Treu

nige Jungtiere behalten müssen.
Manche Halter injizieren vor dem Verfüttern Mineralstoffe oder Vitamine in den aufgetauten Futternager. Frostfutter vom Fachhändler wird nach der sachgerechten Abtötung schockgefroren und dabei bleiben die Inhaltsstoffe im Futtertier weitestgehend erhalten. Ein lagerbedingter Abbau von Vitaminen etc. kann nahezu vernachlässigt werden. Das haben Studien an Tiefkühl-Kost für die menschliche Ernährung gezeigt. Wurden die Futtertiere artgerecht ernährt, schockgefroren und bleiben sie tiefgekühlt (dies unbedingt beim Transport beachten!), dann kann man sie ohne Zusätze problemlos verwenden. Eine Injektion von Vitaminen oder Mineralstoffen könnte jedoch durchaus sinnvoll sein, will man geschwächte Tiere aufpäppeln, Mangelerscheinungen ausgleichen oder Medikamente auf diesem Weg verabreichen. Ich selbst verwende keinerlei Zusätze wie Vitamine, Spurenelemente oder Mineralstoffe und hatte bei meinen Schlangen bisher noch nie mit Erkrankungen aufgrund von Unterversorgung zu tun.
Ganz wichtig bei der Fütterung ist die Separierung der Schlangen. Sie neigen dazu, sich gegenseitig zu fressen, beziehungsweise sich zu mehreren in dieselbe Maus zu verbeißen, selbst wenn für alle genug Futter angeboten wird. Ich

benutze zum Füttern sogenannte Stapelboxen aus nichttransparentem Kunststoff, die mit Luftlöchern versehen sind. Manche Steppennattern bestehen auf Fütterung von der Pinzette, manche umschlingen und drücken ihre Beute, als ob diese noch leben würde. Gewöhnlich reicht ein Hineinlegen des Nagers in das Terrarium, und die Schlange beginnt selbstständig, diesen von einer Seite zu verschlingen.

Viele Anfänger wählen eine falsche Größe der Futtermäuse. Eine Dionenatter, deren Kopf etwa die Dicke einer Zeigefingerspitze hat, schafft bequem erwachsene Mäuse. Ich füttere meine erwachsenen Schlangen vier bis fünf Mal pro Monat. Das erscheint recht viel, aber wir müssen die Futterpausen während der Häutung, der Paarung nebst Eiablage und natürlich die Winterruhe berücksichtigen. Für die Männchen wird das Futter „eine Nummer kleiner" gewählt, zwei bis drei Futtertiere sind die Obergrenze. Wenn wir also von normalen, jungadulten Farbmäusen oder anderen Nagern dieser Größe ausgehen, sollte ein Weibchen ein Mal wöchentlich bis

Gesundheit

ICH habe mich für die Überschrift „Gesundheit" entschieden, um mögliche Einsteiger nicht gleich durch diverse Krankengeschichten zu verunsichern. Leider gibt es gerade auch in diesem Bereich immer wieder Experten, die z. B. über das Medium Internet düstere Krankheitsbilder verbreiten, völlig falsche Ferndiagnosen stellen und unüberlegt irgendwelche Therapien empfehlen.

Um es kurz zu machen: *Elaphe dione* ist eine äußerst robuste Schlange, die bei art- und sachgerechter Haltung so gut wie nie erkrankt. Bis auf Milbenbefall, der mittlerweile relativ einfach und für die Schlangen ziemlich ungefährlich zu bekämpfen ist, hatte keine meiner Steppennattern in all den Jahren gesundheitliche Probleme. Dies gilt auch für Wildfänge, die

DER PRAXISTIPP

Den Kontakt zu reptilienkundigen Tierärzten kann man leicht über die Ortsgruppen der DGHT, über deren Homepage www.dght.de, die lokalen Terraristikvereine sowie über Züchter oder Händler herstellen. Die Adressen einiger überregionaler veterinärmedizinischer Einrichtungen finden Sie unter „Weitere Informationen".

zu vier Futtertiere, Männchen maximal drei Futtertiere erhalten.

Ähnlich wie die Amurnatter legt auch die Steppennatter Fresspausen ein, hier spielt mit ziemlicher Sicherheit auch das Wetter, wahrscheinlich der Luftdruck, eine Rolle. Als ich in meinen Anfängerjahren aus Unwissen keine Winterruhe (Hibernation) bei meinen Dionenattern einhielt, waren die Tiere, die ganzjährig Nahrung zu sich nahmen, ausschließlich Weibchen. Bei der Fütterung sollte man sich möglichst von einem erfahrenen Terrarianer beraten lassen, denn ich kenne viele Steppennattern, die übergewichtig sind. Meine Weibchen erhalten jeweils zwischen 80 und 90 Mäuse pro Jahr – die Fresspausen eingerechnet –, Männchen jeweils um die 60 Mäuse. Die Fütterung ist nach meiner Erfahrung die einzige Situation, wo man gebissen werden kann, weswegen die erwähnte Pinzette ein hilfreiches Utensil ist. Sollte eine Dionenatter partout kein Futter annehmen, so kann man sie über Nacht mit einem toten Futtertier in einen dunklen, relativ engen Behälter setzen; das wirkt meist Wunder.

früher eher die Regel denn die Ausnahme waren und gemeinhin durch den Stress der Umgewöhnung als anfälliger gelten.

Beobachtet man dennoch Anzeichen einer Erkrankung oder ein auffälliges Verhalten, sollte besser ein reptilienkundiger Veterinär aufgesucht werden. Es hilft wenig bzw. kann für das Tier sogar tödlich sein, einen Tierarzt zu konsultieren, der nur Erfahrungen mit den üblichen Haustieren hat. Entsprechende Adressen findet man vor allem über die Vereine der Deutschen Gesellschaft für Herpetologie und Terrarienkunde, DGHT (siehe Praxistipp und „Weitere Informationen"). Auch vor unkundiger Eigeninitiative bei der Behandlung kann ich nur dringend abraten. Nach meiner Einschätzung sterben zu viele Terrarienbewohner an falscher Behandlung und Überdosierung von möglicherweise zudem noch inadäquaten Medikamenten. Jeder Terrarianer sollte sich eines bewusst machen: Ein Tier zu halten, bedeutet Verantwortung zu übernehmen, auch hinsichtlich potenzieller Arztkosten. Ist man dazu nicht bereit, dann sollte man lieber die Finger von diesem Hobby lassen.

Vergesellschaftung

ICH kann von einer Vergesellschaftung von Schlangen mit anderen Terrarientieren nur abraten. Die Tiere können sich, auch unbemerkt vom Auge des Betrachters, permanent stressen, wie z. B. bei der Gemeinschaftshaltung von Echsen und Schlangen. Zudem kann eine Tiergruppe Dauerausscheider von Parasiten sein, die ihnen selbst nicht schaden, wohl aber einer anderen Art lebensgefährlich werden können, wie z. B. bei gemischten Gruppen von Schildkröten und Schlangen.

Mir ist z. B. der Fall einer Vergesellschaftung vom Großen Taggecko (*Phelsuma grandis*) aus Madagaskar mit der Rauen Grasnatter (*Opheodrys aestivus*) aus Florida bekannt, die so lange gut ging, bis die Geckos die Nattern buchstäblich zu Tode bissen. Ein anderer mir bekannter Terrarianer hielt über ein Jahr verschiedene Wassernattern mit nordamerikanischen Schmuckschildkröten (*Trachemys*) zusammen, bis alle Nattern innerhalb weniger Wochen an einem Amöbenbefall verendeten. Den Schildkröten geht es bis heute gut. Auch die Gemeinschaftshaltung nahe verwandter Schlangenarten sollte man vermeiden, um nicht Hybriden zu produzieren. Bei gleichgeschlechtlichen Tieren – ich kenne einen Fall, wo seit Jahren Dionenattern mit Kornnattern gleichen Geschlechts zusammen gehalten werden – kann die Vergesellschaftung funktionieren, trotzdem würde ich auch in einem solchen Fall zur Einzelhaltung raten.

Jungtier der gestreiften Form aus dem Altai-Gebirge Foto: B. Treu

Die paarweise Haltung gelingt über längere Zeiträume nur, wenn das Männchen seinen genetischen Auftrag zur Arterhaltung nicht allzu ernst nimmt und das Weibchen nicht ständig durch Verfolgung stresst. Ein Beispiel aus meiner eigenen Haltung, welches schon Jahrzehnte zurückliegt, mag dies belegen. Ich hatte ein *E.-dione*-Weibchen aus der Ukraine, grau mit einigen wenigen schwarzen Zeichnungslinien, und suchte seit Längerem vergeblich ein Männchen. Endlich bekam ich ein fast schwarzes Tier ohne genaue Her-

***Elaphe dione* aus dem nördlichen Ossetien** Foto: S. Ryabov

kunftsangabe, wahrscheinlich aus Korea. Nach der Quarantäne begann das männliche Tier sehr stürmisch mit dem Paarungsspiel, was das weit größere Weibchen zusehends unter Stress setzte. Heute würde ich die Tiere nach nur wenigen Tagen trennen, damals fehlte mir jedoch die Erfahrung. Als ich nach Hause kam und beide Tiere in Kopula vorfand, war ich hoch zufrieden. Leider musste ich feststellten, dass das Weibchen tot war. Eine anschließende tierärztliche Untersuchung ergab keinen pathologischen Befund, sodass wahrscheinlich der andauernde Stress durch das Männchen zum Tode geführt hat. Beide Tiere harmonierten offensichtlich nicht miteinander, und das Weibchen wurde nicht paarungsbereit. Wenn ein Weibchen in Bedrängnis gerät und nicht paarungsbereit ist, reagiert es mit „Schwanzrasseln", was für den Halter ein deutliches Signal sein sollte, die Tiere zu trennen.

Das Thema Einzel- oder Getrennthaltung wird leider sehr oft emotional diskutiert. Aus meinen Erfahrungen heraus, halte ich die Steppennatter für eine der Arten, die sehr gut zur Paarhaltung geeignet sind. Man muss jedoch die Tiere und ihr Verhalten genau beobachten.

Adulte Dionenatter Foto: B. Love/Blue Chameleon Ventures

Fortpflanzung

DAS Geschlecht etwa gleich großer Steppennattern ist äußerlich schwierig zu bestimmen. Eine Methode ist das Sondieren der Kloake, doch dies muss in jedem Fall ein Fachmann durchführen. Ein Anfänger sollte definitiv nicht mit einer Metallsonde in der Kloake der Schlange hantieren. Selbst manche erfahrenen Schlangenhalter lehnen die Sondierung auch nach Jahrzehnten des Umgangs mit Nattern ab, da die Gefahr schwerer Verletzungen zu hoch ist. Eine ebenfalls weit verbreitete Methode ist das Herausmassieren der Hemipenes. Auch hier besteht Verletzungsgefahr, da manche Jungschlangen ihr Organ nicht mehr einziehen können und sich dann verletzen oder infizieren. „Alte Hasen" (zu denen ich diesbezüglich wohl immer noch nicht gehöre) können das Geschlecht auch rein visuell eindeutig bestimmen. Bei adulten (ausgewachsenen) Tieren kann man das Geschlecht anhand des Größenvergleiches und unter Zuhilfenahme eines geschlechtlich klar definierten Individuums unterscheiden. Grundlage hierfür ist allerdings ein gleiches Alter der zu bestimmenden Tiere.

DER PRAXISTIPP

Um die Schlangen während der Winterruhe vor visuellen Störungen wie Lichteinfall oder Bewegungen zu schützen, empfiehlt es sich, das Terrarium mit einem Stück dunklem Stoff oder einem Stück Pappe zu verhängen. Nach meiner Erfahrung ist die Verdunkelung bei der Winterruhe ein ebenso wichtiger Faktor wie das Absenken der Temperatur.

Noch vor einigen Jahren war für meine Dionenattern eine lange (bis zu fünf Monate) und vor allem sehr kühle Überwinterung Basis für deren erfolgreiche Vermehrung. Mittlerweile genügt in den meisten Fällen die Verdunkelung des Terrariums und das Absenkung der Temperatur auf Raumtemperatur. Ist es dabei nachts durch intensives Lüften deutlich kälter als am Tage, ist dies nur von Vorteil. Damals kamen die Dionenattern in einen separaten Raum (oder in den Kühlschrank) und wurden auf mäßig feuchter Terrarienerde bei 8–12 °C überwintert. Jetzt schalte ich einfach die Elektrik meiner Becken Anfang November aus und Anfang Februar wieder ein, wobei die Raumtemperatur, die Nächte einkalkuliert, zwischen 17–22 °C liegt. Mir sind auch erfolgreiche

Kopulation eines Pärchens von *Elaphe dione* aus China Foto: S. Ryabov

Kopulation eines Pärchens von *Elaphe dione* aus dem Altai-Gebirge Foto: B. Treu

Nachzuchten ohne erfolgte Winterruhe bekannt. Ich halte das jedoch nicht für ratsam, da zumindest die männlichen Tiere in dieser Phase das Fressen fast immer komplett einstellen und zumeist auch die Weibchen deutlich weniger Nahrung zu sich nehmen als in der wärmeren Jahreszeit. Ist nun die Terrarientemperatur nicht reduziert, verbrauchen die Tiere möglicherweise mehr Energie, als sie durch Nahrung erhalten.

Bereits einige Tage nach Beendigung der Winterruhe nehmen die Schlangen wieder Nahrung auf. Bei der Fütterung ist besonderes Augenmerk auf die Versorgung der Weibchen zu legen, denn Eibildung und -ablage bedeuten für sie einen enormen Energie- und Gewichtsverlust. Bei meinen Dionenattern sehe ich zu, dass die Weibchen vor der Paarung mindestens zwei bis drei Mal gefüttert werden. Die Männchen sind während der Paarungszeit mehr an der Fortpflanzung als an einer Nahrungsaufnahme interessiert.

Die Paarung verläuft bei meinen Steppennattern ohne große Hektik und viel leiser als bei anderen *Elaphe*-Arten. Das Männchen verfolgt das Weibchen, bezüngelt es und schlängelt sich immer wieder über dessen Körper. Einen Paarungsbiss wie bei manch anderen Nattern habe ich noch nie beobachtet, allerdings erzählten mir andere Halter von deutlich leidenschaftlicheren Begattungen. Die Kopula kann sich über mehrere Stunden hinziehen, hierzu verankert die männliche Schlange ihren Hemipenis in der Kloake der Partnerin. Währenddessen sollte im Umfeld des Terrariums Ruhe herrschen, damit das Weibchen – falls sie sich gestört fühlt – das Männchen nicht hinter sich her schleift, was zu Verletzungen führen kann.

Nach erfolgreicher Befruchtung fressen die Weibchen deutlich mehr als sonst, sogar täglich, wenn man sie denn lässt. Oftmals ist nicht eindeutig feststellbar, welche der wiederholten Kopulationen zum Erfolg führte, sodass wir nur den ungefähren Zeitraum von 25–40 Tagen als Anhaltspunkt zwischen Befruchtung und Eiablage heranziehen können. Ich füttere während der Trächtigkeit je nach Nagerangebot mindestens zwei Mal in der Woche. Bis ungefähr fünf Tage vor der Eiablage nehmen die weiblichen Steppennattern Nahrung auf. Es gibt aber auch Ausnahmen, denn ich hatte ein Tier, welches sogar zwischen der Ablage der einzelnen Eier Mäuse zu sich nahm.

Wenn das Männchen das Weibchen weiterhin bedrängt, sollte man Letzteres – spätestens wenn es anfängt, nach einem günstigen Ablageplatz zu suchen –, separieren. Als Ablageplatz verwende ich ein 3-Liter-Kunststoffgefäß mit fest schließendem Deckel, in den ich zuvor ein ca. 4 cm messendes Loch gebohrt habe. Sinnvoll ist es, Gefäße aus nicht komplett blickdichtem Material zu verwenden, sodass man eventuell abgelegte Eier schon von außen erkennen kann und nicht täglich den Deckel öffnen muss.

WUSSTEN SIE SCHON?

In dem uns interessierenden Zusammenhang ist es sachlich richtiger, von Vermehrung als von Zucht zu sprechen. Eine Zucht im Wortsinne bedeutet die Auswahl (Selektion) der Elterntiere (des „Zuchtmaterials“), wenn man auf ein bestimmtes Ziel hin züchtet. Beim Nutzvieh wäre dies z. B. ein höherer Ertrag, in der Schlangenhaltung wird eher auf das Erzielen von bestimmten Farbformen und -varianten gezüchtet. Ob einem solche herausgezüchteten Farbformen letztlich gefallen, muss jeder selbst entscheiden. Wichtiger bei dieser Problematik ist das wiederholte Auftauchen von Missbildungen bei Farbzuchten. Möglicherweise werden hier Erbinformationen verstärkt weitergegeben, die Deformationen und Behinderungen transportieren.

Es ist wichtig, das Substrat in der Eiablagebox deutlich feuchter zu halten als den Bodengrund im Terrarium, denn so stellt man sicher, dass das Gelege in der hierfür vorgesehenen Box abgelegt wird. Zum Glück passiert es selten, dass das Weibchen seine Eier im Terrarium verstreut, denn dann besteht die Gefahr, dass diese bereits vertrocknet sind, bevor wir sie entdecken.

Als Ablagesubstrat hat sich bei mir ein Gemisch aus leicht feuchtem Terrarienhumus und Terrarienmoos im Verhältnis von 2 : 1 bewährt. Wenn man dieses Substrat in der Hand ausdrückt, sollte keine Flüssigkeit heraustropfen, aber Teile des Gemenges an der Handfläche kleben bleiben. Es hat sich bewährt, dem Weibchen das Ablagegefäß jedes Jahr an derselben Stelle anzubieten, sofern dieses erfolgreich angenommen wurde. Pro Gelege werden nach meinen Erfahrungen zwischen 3 und 14 Eier abgelegt.

Die Eier werden direkt nach der Ablage aus der Box entnommen. Das Weibchen verharrt meist noch bis zur nächsten Häutung in der Ablagebox. Beim Entfernen der Eier reagiert das Weibchen eher selten aggressiv, zumeist ist es durch die kräftezehrende Ablage eher apathisch.

Inkubation der Eier

ICH entnehme alle Eier aus der Ablagebox und überführe sie in vorbereitete Kunststoffgefäße. Im Terrarium würde die Feuchtigkeit für eine Entwicklung der Eier auf Dauer nicht ausreichen. Zudem hätte ich die Befürchtung, dass die Schlangen die Eier mechanisch beschädigen könnten. Allerdings kenne ich auch einige „Spontanschlupfe", wo dem Halter in unübersichtlichen Anlagen Paarung und Eiablage entgangen waren. Allerdings besteht dabei zudem die Gefahr, dass die Jungschlangen aufgrund ihrer geringen Größe aus dem Terrarium entweichen können.

Als Inkubationsbehälter eignet sich jedes schließende Plastikgefäß mit einigen wenigen Luftlöchern, sodass wir darin eine Luftfeuchte von etwa 100 % erreichen. Ich verwende für die mittelgroßen Eier von *Elaphe dione*, die circa 60 × 25 mm messen, meist die handelsüblichen Heimchenboxen. Diese sind mit feinen Perforationen versehen, und der Deckel schließt dicht. Ich beschicke jede Dose mit 4–6 Eiern, ohne dass diese sich gegenseitig oder den Rand des Behälters berühren. Unbedingt Beachtung finden muss der Umstand, dass sich Länge und Umfang der Eier während ihrer Entwicklung nahezu verdoppeln können.

Geeignete Substrate für die Inkubation sind z. B. Schaumstoffschnitzel, Terrarienmoos, Perlit oder Vermiculit. Es gibt auch Terrarianer, die die Eier ohne Substrat auf feiner Kupfergaze zeitigen. Ich bevorzuge Vermiculit und mische es mit Wasser im Verhältnis 1 : 1. Das Substrat hat dann die richtige Feuchtigkeit, und es darf keine Flüssigkeit herauslaufen, wenn man die Dose schräg hält. Die Eier lassen sich übrigens nur innerhalb von ca. 24 Stunden nach der Ablage voneinander lösen, später verkleben sie miteinander. Ich löse die Eier immer voneinander, um bei etwaiger Verpilzung eines Eis ein Übergreifen auf die anderen Eier zu vermeiden. Die Eier werden vorsichtig zu zwei Dritteln in das Substrat gebettet, sodass nur das obere Drittel frei bleibt.

Früher habe ich einen einfachen, selbst gebauten Inkubator verwendet, der aus einem Aquarium und einem schwachen Heizstab sowie einer Abdeckung bestand. Später fand ein speziell für Reptilieneier konzipierter Brutapparat

Verwendung, auch mit der „Kunstglucke“ der Firma Jäger habe ich erfolgreich verschiedene Eier inkubiert. In den letzten Jahren neige ich immer mehr zur Simplifizierung und stelle die Dosen mit den Eiern auf einen mäßig warmen Punkt, z. B. den Rand eines Lichtkastens eines Terrariums. In warmen Monaten reicht auch ein höher gelegener Platz, vielleicht auf einem Regalbrett; ich hatte einmal einen 100-prozentigen Schlupferfolg in einer vergessenen Dose außer Sichtweite …

Tagsüber sollten 26–27 °C nicht überschritten werden, und eine nächtliche Abkühlung bis deutlich unter 20 °C ist kein Problem. Eventuell verlängert sich dabei die Zeit bis zum Schlupf um einige Tage. Seit ich die Eier mit einer geringeren Durchschnittstemperatur und höherer Nachtabsenkung inkubiere, sind die Schlüpflinge deutlich größer und kräftiger. Auch auf all die Vorkehrungen, die ich früher bei den Gelegen der Dionenatter traf, wie z. B. eine über den Eier schräg liegende Scheibe, die das Tropfen von Kondens-

WUSSTEN SIE SCHON?

Bei bereits verklebten Eiballen, die durchaus in einem größeren Gefäß inkubiert werden können, lässt sich ein einzelnes infiziertes oder abgestorbenes Ei nicht ohne Gefahr für das restliche Gelege entfernen. Streut man aber zerkleinerte Aktivkohle aus dem Aquaristikbedarf oder Grillholzkohle über das befallene Ei, verhindert man weitere Schimmelbildung.

Im Fachhandel erhältliche Inkubatoren für Reptilieneier Foto: B. Treu

Dionenattern sollte man nach ihrer jeweiligen Herkunft getrennt vermehren; diese vier Weibchen an ihren Gelegen repräsentieren unterschiedliche geografische Farbvarianten ...

... (links oben: vom Baikalsee; links unten: Region um Beijing; rechts oben: gelb gestreifte Farbform (Herkunft unbekannt); rechts unten: schwarze Variante aus Nordossetien Fotos: S. Ryabov

Verschiedene Schlupfstadien von Steppennattern-Gelegen im Tula-Exotarium; ganz oben ein kaum kalzifiziertes Ei, sozusagen der Übergang zum Lebendgebären Fotos: S. Ryabov

wasser auf die Eier verhindert, verzichte ich mittlerweile. Nach meinen Erfahrungen stört Tropfwasser befruchtete und gesunde Eier überhaupt nicht. Wohlgemerkt sind dies meine Erfahrungen bei *Elaphe dione*, es gibt durchaus Arten, bei denen Tropfwasser das Absterben des Embryos bedeuten kann.

Die Eier der Steppennatter haben eine vergleichsweise kurze Inkubationsdauer. Bei meinen Tieren beträgt sie zwischen 18 und 29 Tagen, und bei einem mir bekannten Terrarianer lag die kürzeste Zeitspanne sogar bei nur 14 Tagen (N. Orlov, mündl. Mittlg.). Manche Wissenschaftler vermuten auch, dass unsere Steppennatter in den nördlichsten Verbreitungsgebieten ovovivipar ist, d. h., die Jungen schlüpfen bereits im Mutterleib

Frisch geschlüpfte Jungtiere: links von der normalen Form (Foto: B. Treu), **rechts von einer sehr roten Farbvariante** (Foto: S. Ryabov)

und werden dann „lebend geboren" oder schlüpfen unmittelbar nach der Ablage der Eier. Allein die Herkunft der Tiere scheint dieses Phänomen jedoch nicht zu bewirken.

Lugt der erste Kopf aus einem Ei hervor, sollte man hektische Bewegungen vor den Eiern vermeiden. Im Regelfall schlüpfen alle Jungtiere eines Geleges innerhalb von 24 Stunden. Erst wenn die letzte Schlange aus dem Ei geschlüpft ist, werden alle Tiere aus dem Brutgefäß genommen. Ist ein Exemplar darunter, das sich ständig wieder ins Ei zurückzieht, werden die anderen vorsichtig entfernt, um den Nachzügler nicht durch ständige Berührungen noch mehr zu irritieren. Bei solchen Tieren kann es auch gelegentlich vorkommen, dass der Dottersack, der der embryonalen Ernährung diente, noch nicht vollständig aufgenommen wurde. Diese Tiere setzen wir separat in kleine, etwas besser belüftete Dosen und benutzen zur Infektionsvorbeugung leicht feuchten Küchenkrepp als Bodenbedeckung. Mitunter dauert es einige Tage, bis der Dotterrest aufgebraucht ist. Unmittelbar nach dem Schlupf messen die kleinen Dionenattern etwa 18 cm, weisen aber im Vergleich z. B. zu Kornnatterschlüpflingen einen deutlich größeren Umfang auf.

Frisch geschlüpftes Jungtier Foto: B. Treu

Aufzucht der Jungschlangen

IN der Zwischenzeit sollten wir einen Behälter für die Jungschlangen vorbereitet haben, der ein Versteck, ein Wassergefäß und als Bodengrund feinen Rindenmulch oder Küchenkrepp aufweist. Im Idealfall ziehen wir die Babys einzeln auf, dies ist vor allem bei der Fütterung von Vorteil. In diesem Fall benutze ich Waschmittelnachfüllboxen aus dem Discounter, die ich mit Zu- und Abluftlöchern versehen habe. Allerdings ist bei hohen Nachwuchszahlen eine Einzelhaltung kaum konsequent zu leisten. Zudem habe ich auch den Eindruck gewonnen, dass gemeinsam aufgezogene Jungtiere von *Elaphe dione* ausgeglichener und weniger ängstlich als Einzeltiere sind.

Während der ersten Lebensphase der Jungtiere ist eine relativ warme Haltung wichtig, nach meiner Erfahrung ist dies sogar wichtiger als Licht. Ich halte meine Jungschlangen bei 26–28 °C auf einem Terrarienlichtkasten. Im Gegensatz zu vielen anderen Jungschlangen sind die Dionenattern stets außerhalb ihres Unterschlupfes, weshalb man auch mit einem schwachen Strahler heizen könnte.

Mit der ersten Fütterung beginnen wir nach der ersten Häutung, die nach fünf bis sieben Tagen erfolgt. Zur Fütterung müssen die Tiere unbedingt separiert werden, da sie sehr gierig sind und die Gefahr besteht, dass sie sich gegenseitig fressen. Hierzu verwende ich wieder Heimchendosen (der

Zur Aufzucht von jungen Dionenattern kommen bei mir seit Jahren diese Kunststoffdosen zum Einsatz Foto: B. Treu

Auch dieses Terrarium eignet sich zur Aufzucht von jungen Dionenattern Foto: B. Treu

Auch solche Plastikboxen könen zur Aufzucht verwendet werden Foto: B. Treu

Deckel muss an den Ecken hörbar einrasten!), lege ein aufgetautes Mäusebaby und die Schlange hinein – und warte. Ungefähr vier Fünftel meiner Steppennattern gingen sofort ans Futter; die anderen Tiere lasse ich über Nacht in der Dose, denn während der Dunkelheit wird dann fast immer Futter aufgenommen. Ganz selten einmal verweigert ein Jungtier die erste oder zweite Fütterung. Totalverweigerer, wie sie bei anderen Arten nicht selten sind, habe ich bei der Dionenatter noch nie erlebt. Ich füttere zwei Mal pro Woche (zumindest in den ersten zwei Monaten), und es kann schon etwas aufwendig sein, wenn man, wie bei einem normal großen Gelege, 8–10 Tiere füttern muss. Kaum hat man den Deckel der letzten Box geschlossen, da kann man bereits das erste satte Tier wieder zurücksetzen. Hilfreich ist es, wenn alle Tiere zum gleichen Zeitpunkt fressen, denn dann erfolgen auch die Häutung und der Kotabsatz zum selben Termin. Der von mir praktizierte Futterturnus mag kurz erscheinen, aber die Tiere legen immer wieder von selbst kurze Fresspausen ein, z. B. in der Zeit vor jeder Häutung oder bei extrem hohem Luftdruck. Haben die *Elaphe-dione*-Babys drei oder vier Wochen lang gut gefressen, kann man auch einer Zeit der Nahrungsverweigerung entspannt und ohne Hysterie, Tierarzt oder Zwangsfütterung entgegensehen. Nach den Mahlzeiten trinken die Tiere ausgiebig, und man sollte stets frisches Wasser anbieten. Der häufigen Fütterung entsprechend, müssen wir das Pflegemanagement ausrichten und bei Bedarf Bodengrund bzw. Küchenkrepp austauschen.

Erst nach der zweiten Häutung, also etwa nach der achten Fütterung, gebe ich Jungschlangen an Interessenten weiter. Dann sind sie groß genug und gewöhnlich futterfest. Niemand sollte verzweifeln, wenn die gerade erworbene Jungschlange die nächste Futteraufnahme verweigert. Es handelt sich ja um lebende Tiere, und eine zeitweilige Futterpause kann eine ganz normale Reaktion auf die erfolgte Umstellung sein.

Jungtier aus Ust-Kamenogorsk, Russland
Foto: K.-D. Schulz

Vom Umgang mit Steppennattern

OFT höre ich in Gesprächen mit Nicht-Schlangenhaltern, dass Schlangen ja so langweilig seien. Nun, was dem einen sein (kurzweiliger und äußerst interaktiver) Mops, ist dem anderen seine Schlange. Ich denke, die Vielfalt macht das Leben erst interessant, und jeder Zeitgenosse hat das Recht auf seine eigene Freizeitgestaltung. Als Terrarianer lernt man das Beobachten und freut (wundert oder ärgert) sich auch ohne direkten Körperkontakt zum Tier. Eine Schlange wird uns naturgemäß nicht auf die Schulter flattern oder schnurrend unsere Beine umstreifen. Dennoch ist die Steppennatter eines der Terrarientiere, welches unter normalen Haltungsbedingungen immer „handzahm“ wird. Sie ist kein Kuscheltier, aber es ist aus meiner Sicht nichts dagegen einzuwenden, wenn Tiere dieser Art gelegentlich berührt oder aus dem Behälter genommen werden. Anders sehen dies die Puristen, die jeden körperlichen Kontakt zwischen Mensch und Natter als nicht artgerecht ablehnen.

In Ermangelung einer besseren Gelegenheit (alle Futterboxen waren besetzt) wurde das semiadulte Tier auf einem Korbtisch bei Publikumsverkehr gefüttert – ein eindrücklicher Beleg für die Robustheit und das ausgeglichene Wesen dieser Art
Foto: B. Treu

Ob Schlangen auf ihre Pfleger „hören“, wie mir oft berichtet wird, wage ich zu bezweifeln. Desgleichen glaube ich nicht, dass eine Dionenatter sich „freut“ wenn ihr Terrarium geöffnet wird. Dass sie aber meist interessiert züngelnd am Terrarianer emporklimmt, ist eine Tatsache, und somit ist es letztlich egal, ob sie uns „mag“ oder als warmen, beweglichen Aussichtspunkt betrachtet.

Will man das Image von Schlangen verbessern und interessierten Mitmenschen etwas über Biologie, Ökologie und Lebensweise dieser Reptilien erklären, eignet sich nach meinem Dafürhalten die Steppennatter durchaus dazu, Berührungsängste abzubauen und alte Klischees zu durchbrechen. Ich bin z. B. oft an Schulen gewesen und finde, dass so ein direkter Kontakt mehr bewirkt als Bilder aus dem Lehrbuch oder eine Beamer-Projektion; solche Lehrmaterialien sehen die Schulkinder schon oft genug. Wenn die Dionenatter am Arm herumklettert und sich unter fachkundiger Aufsicht ruhig bewegt, glaube ich nicht, dass die Schlange sich in einer ihr unangenehmen Situation befindet. Selbstverständlich muss für einen vernünftig temperierten Transport gesorgt werden, und Tiere, die trächtig, vollgefressen oder in der Häutung sind, sollten nicht aus ihrem gewohnten Terrarium genommen werden. Wird dies berücksichtigt, ist *Elaphe dione* eine Schlange, die weder nervös um sich beißt noch mit panischen Fluchtversuchen reagiert. Noch ein Ratschlag zum Schluss: Man sollte die Natter nie anfassen wenn man vorher mit Futtertieren hantiert hat! Das kann für die Schlange förmlich zum Anbeißen sein! Somit erzieht die Haltung der Steppennatter auch zum regelmäßigen Händewaschen.

Steppennattern klettern hervorragend. Man sollte sie also nicht für Fotoaufnahmen mal eben unter einen Baum setzen
Foto: X. Wang

Danksagung

DIESES Buch ist Joachim Gottschalk gewidmet, der mir als Kind mit grenzenloser Geduld die Basisfragen der Terraristik erläutert hat und mir auch heute noch mit Rat und Tat zur Seite steht. Weiterhin muss ich Ricardo Schreiber für die Unterstützung bei der Bildbeschaffung ebenso danken wie Fridtjof Busse, und „last but not least" geht mein Dank wie immer an Frank Apel für die Unterstützung auch bei den wahnwitzigsten Projekten.

Weitere Informationen

ZUR Vertiefung der in diesem Buch gegebenen Informationen und zum weiteren Einblick in terraristische und herpetologische Themenbereiche empfehlen sich die Mitgliedschaft in einem Verein gleich gesinnter Terrarianer sowie ein intensives Literaturstudium. Die folgenden Auflistungen sollen dabei behilflich sein, einen Einstieg in die Thematik zu finden, können aber natürlich nur einen kleinen Ausschnitt aufzeigen.

Vereine und Interessengruppen

Die Deutsche Gesellschaft für Herpetologie und Terrarienkunde (DGHT; www.dght.de; DGHT e. V., Postfach 120433, 68161 Mannheim, Tel.: 0621-86256490, E-Mail: gs@dght.de) ist mit über 7.000 Mitgliedern die weltweit größte Gesellschaft ihrer Art und bringt Wissenschaftler und Hobbyherpetologen zusammen. Mitglieder erhalten verschiedene herpetologische/terraristische DGHT-Zeitschriften und haben Zugriff auf ein Kleinanzeigen-Internet-Portal.

Innerhalb der DGHT gibt es die AG Schlangen. Sie bringt die Zeitschrift „Ophidia" heraus. Kontakt erhalten Sie über die Geschäftsstelle der DGHT (siehe oben).

Untersuchungsstellen

Kotproben, Sektionen und andere Untersuchungen können von spezialisierten Tierärzten oder von veterinärmedizinischen Untersuchungsstellen, die es in vielen Städten gibt, vorgenommen werden. Eine Liste mit Tierärzten, die sich mit Reptilien und Amphibien beschäftigen, kann über die DGHT bezogen oder auf www.dght.de eingesehen werden.
Überregional bekannt sind z. B. folgende Einrichtungen:

- Exomed
Postfach 630149
10266 Berlin
Tel.: 030-51067701
E-Mail: labor@exomed.de
www.exomed.de

- Universität München
Klinik für Vögel, Reptilien, Amphibien und Zierfische
Kaulbachstr. 37
80539 München
Tel.: 089-2180-2283
Mobil: 0177-5781344 (Notdienst)
E-Mail: reptilienstation@vogelklinik.vetmed.uni-muenchen.de
www.vogelklinik.vetmed.uni-muenchen.de

- Chemisches und Veterinäruntersuchungsamt Ostwestfalen-Lippe
Westerfeldstr. 1, 32758 Detmold
Tel.: 05231-9119
E-Mail: Poststelle@cvua-owl.de
www.cvua-owl.de

- Vet Med Labor GmbH
Divison of IDEXX Laboratories
Mörikestr. 28/3
71636 Ludwigsburg
Tel: 01802-838-633
E-Mail: hotline-Germany@idexx.com
www.idexx.de
(für privat nur über Ihren Tierarzt)

Zeitschriften

- REPTILIA, TERRARIA
Terraristik-Fachmagazine erscheinen je sechs Mal jährlich, mit Internetportal für Kleinanzeigen
Natur und Tier - Verlag GmbH
An der Kleimannbrücke 39/41
48157 Münster
Tel.: 0251-133390
E-Mail: verlag@ms-verlag.de
www.reptilia.de

- DRACO
Terraristik-Themenheft erscheint vier Mal jährlich
Natur und Tier - Verlag, s. o.
www.reptilia.de

- SAURIA
Terraristik und Herpetologie erscheint vier Mal jährlich
Terrariengemeinschaft Berlin e.V.
Bruno Treu
Gardes-du-Corps-Str. 12
14059 Berlin
E-Mail: abo@sauria.de
www.sauria.de

Artenschutzfragen

- Bundesamt für Naturschutz
Artenschutzvollzug
Konstantinstr. 110
53179 Bonn
Tel.: 0228-8491-1311
E-Mail: citesma@bfn.de
www.bfn.de

Verwendete und weiterführende Literatur

A. Bücher

BMELV (Bundesministerium für Ernährung, Landwirtschaft und Forsten, Referat Tierschutz) (1997): Gutachten über Mindestanforderungen an die Haltung von Reptilien vom 10. Januar 1997. – Inhaltlich unveränderte Sonderausgabe der Deutschen Gesellschaft für Herpetologie und Terrarienkunde e.V. (DGHT), Rheinbach, 79 S.

Fritzsche, J. (1981): Das praktische Terrarienbuch. – 1. Auflage, Neumann Verlag Leipzig, 213 S.

Köhler, G. (1997): Inkubation von Reptilieneiern. – 1. Auflage, Herpeton Verlag Elke Köhler, Offenbach, 206 S.

Schmidt, D. (1994): Eigentliche Nattern. – Urania-Verlag, Leipzig, Jena, Berlin, 112 S.

– (1994): Vermehrung von Terrarientieren – Schlangen. – 2. Auflage, Urania-Verlag, Leipzig, Jena, Berlin, 200 S.

– & K. Kunz (2005): Ernährung von Schlangen. – Natur und Tier - Verlag, Münster, 160 S.

Schulz, K.-D. (1996): Eine Monographie der Schlangengattung *Elaphe* Fitzinger. – Bushmaster Publications, Berg, Schweiz, 460 S.

Wilms, T. (2004): Terrarieneinrichtung. – Natur und Tier - Verlag, Münster,128 S.

Trutnau, L. (2002): Schlangen im Terrarium. Band 1: Ungiftige Schlangen. – Ulmer Verlag, Stuttgart, 624 S.

B. Zeitschriftenartikel

Grossmann, W. (1996): Ein praktischer Inkubator zur Zeitigung von Reptilieneiern. – SAURIA 18(2): 45–46.

Schulz, K.-D. (1992): Die hinterasiatischen Kletternattern der Gattung *Elaphe*, Teil 4: *Elaphe dione* (Pallas, 1773). – SAURIA 8(1): 27–30.

Treu, B. (2000): *Elaphe schrenckii* (Strauch, 1873). – SAURIA-Suppl. 22: 499–502.

– (2007): Einige Erfahrungen und Betrachtungen zum Thema Terrarien-Bodengründe. – SAURIA 29(2): 21–24.

Werning, H. (2003): Neue Namen – alte Nattern. Zur aktuellen Taxonomie der Kletternattern (*Elaphe* sensu lato). – REPTILIA 8(5): 6–8.

Bücher für Ihr Hobby

Pflanzen im Terrarium
Beat Akeret
400 Seiten, über 1000 Abbildungen
Format: 17,5 x 23,2 cm
ISBN: 978-3-86659-060-1
€ 39,80

Wer sich den Wunsch erfüllen möchte, sich mit einem Terrarium ein Stück Natur ins Haus zu holen, der kommt bei der naturnahen Gestaltung dieses Lebensraumes für seine Pfleglinge nicht an einer Bepflanzung vorbei. Pflanzen erhöhen nicht nur den Schauwert eines Terrariums, sie verbessern auch das Klima und bieten den Tieren zudem Deckung und Versteckplätze. Manche Amphibien und Reptilien sind außerdem sehr eng an gewisse Pflanzen gebunden. Deshalb erfüllt die Bepflanzung im Terrarium eine ganze Reihe von Funktionen und stellt einen wichtigen Bestandteil der Einrichtung dar.
Diese Buch bietet alles Wissenswerte zur Pflege von Terrarienpflanzen, zur Gestaltung naturnaher Terrarien und zur Auswahl geeigneter Pflanzenarten! Mit 400 Seiten und über 1000 Abbildungen wohl das umfassendste deutsche Standardwerk zum Thema Terrarienbepflanzung!

Terrarieneinrichtung
Thomas Wilms
128 Seiten, 181 Abbildungen, Format: 16,8 × 21,8 cm,
ISBN 978-3-931587-90-1, **€ 19,80.**

Nur in artgerecht eingerichteten Terrarien fühlen sich Ihre Pfleglinge wirklich wohl, zeigen das gesamte Verhaltensspektrum und pflanzen sich auch fort.
Der erfahrene Praktiker und DRACO-Redakteur Thomas Wilms erläutert in diesem wegweisenden Standardwerk nicht nur biologische Hintergründe, sondern bietet auch und vor allem detaillierte, leicht nachvollziehbare und ausführlich bebilderte Schritt-für-Schritt-Anleitungen für den Eigenbau sämtlicher Einrichtungsgegenstände – von Kunstfelsen über Rückwände bis hin zu Bachlauf und Wasserfall.

Natur und Tier - Verlag GmbH
An der Kleimannbrücke 39/41 · 48157 Münster
Telefon: 0251 - 13339-0 · Fax: 0251 - 1339-33
E-Mail: verlag@ms-verlag.de

www.ms-verlag.de